PATRICK ROSENTHAL

HUNDEKEKSE von der BACKMATTE

PATRICK ROSENTHAL

HUNDEKEKSE von der BACKMATTE

Tierisch gute Rezepte für Hundeleckerlis

riva

Bibliografische Information der Deutschen Nationalbibliothek
Die Deutsche Nationalbibliothek verzeichnet diese Publikation in der Deutschen Nationalbibliografie. Detaillierte bibliografische Daten sind im Internet über https://dnb.de abrufbar.

Für Fragen und Anregungen
info@m-vg.de

Wichtiger Hinweis
Ausschließlich zum Zweck der besseren Lesbarkeit wurde auf eine genderspezifische Schreibweise sowie eine Mehrfachbezeichnung verzichtet. Alle personenbezogenen Bezeichnungen sind somit geschlechtsneutral zu verstehen.

Originalausgabe
3. Auflage 2025

Türkenstraße 89
80799 München
Tel.: 089 651285-0

Redaktion: Caroline Kazianka
Umschlaggestaltung: Sonja Vallant
Umschlagabbildungen und Abbildungen Innenteil: Patrick Rosenthal
Satz: inpunkt[w]o, Wilnsdorf (www.inpunktwo.de)
Druck: Florjancic Tisk d.o.o., Slowenien
Printed in the EU

ISBN Print 978-3-7423-2161-9
ISBN E-Book (EPUB, Mobi) 978-3-7453-1934-7

INHALT

Heartful Can
Since

VORWORT

Als Hundebesitzer und großer Hundeliebhaber war die Produktion dieses Buches natürlich etwas ganz Besonderes für mich. Für Philip Frederick und Theobald, meine beiden Schätze, selbstverständlich auch, denn sie durften von Anfang an bei der Entwicklung mit dabei sein und viele Kekse und Kaustangen frisch von der Backmatte probieren. Mein ganzer Stolz ist, dass Philip Frederick es auf das Cover geschafft hat. Und Theobald wirst du im Buch auch noch kennenlernen.

Ich habe schon vor dem Megatrend, Leckerlis für Hunde selbst zu backen, damit angefangen, Dinge für meine Hunde selbst zuzubereiten. Das Backen mit der Backmatte macht die ganze Sache allerdings viel einfacher. Mit nur wenigen Zutaten, einer Backmatte und einem Silikonschaber kannst du gleich in die Keksproduktion einsteigen. Am Ende des Buches findest du wichtige Tipps, damit dir deine Kekse von der Backmatte auch gelingen. Meine Hunde bekommen als Hauptmahlzeit immer Nass- und Trockenfutter. Leckerlis und Hundekekse verwende ich nur beim Spielen als Belohnung oder weil sie es mal wieder geschafft haben, mich so lieb anzuschauen, dass sie sich einfach etwas Gutes verdient haben. Das Backen von Hundekeksen erlaubt es mir, meinen Hunden etwas »außerhalb der Reihe« zu füttern und dabei die Kontrolle über die Inhaltsstoffe zu behalten. Keine billigen Füllstoffe und kein Zucker.

Leider sind viele Hunde mittlerweile auch von Unverträglichkeiten betroffen, da bietet die Eigenkreation der Leckerlis eine gute Möglichkeit, etwas Geeignetes für unsere Lieblinge herzustellen. Sollte dein Tier an einer Futtermittelunverträglichkeit leiden, solltest du die Zutatenangaben für selbst gemachte Kekse genau prüfen und bei Unsicherheiten Rücksprache mit dem Tierarzt deines Vertrauens halten.

Je nach Jahreszeit und Verwendungszweck nutze ich das Wissen um alte Hausmittel, denn viele, die wir noch aus unserer Kindheit kennen, bewähren sich auch für unsere Vierbeiner. Es ist erstaunlich, wie viele Firmen jedes Jahr »Leckerchen« auf den Markt werfen, die viel Geld kosten und große Versprechungen machen. Meiner Ansicht nach ist es besser, da selbst tätig zu werden.

Die Rezepte in diesem Buch sollen dich inspirieren, auch mal etwas Neues für deinen Hund auszuprobieren. Sei ruhig kreativ, dein Hund wird es dir danken.

Die von mir angegebenen Zutatenmengen reichen meist für drei bis vier Backmatten mit einer Größe von ca. 40 × 30 cm. Das gibt jede Menge Leckerlis. Meine Backmatte mit 1 cm großen Halbkugeln hat zum Beispiel 460 Mulden.

Denke aber daran, dass es sich dabei um Leckerlis handelt und nicht um eine Mahlzeit. Um eine unnötige Gewichtszunahme bei deinem Vierbeiner zu vermeiden, solltest du die entsprechenden Kalorien von der empfohlenen Tagesration abziehen.

Wenn dein Hund das erste Mal eine neue Leckerei kosten darf, solltest du ihm zunächst nur ein paar Häppchen zur Probe geben, um zu sehen, ob er sie auch verträgt. Bei sensibleren Hunden empfiehlt es sich, Rezepte mit wenigen Zutaten zu wählen, sodass du gegebenenfalls schnell erkennen kannst, was vertragen wird und was nicht. Ich wünsche dir und deinen Vierbeinern viel Spaß bei der Zubereitung.

Alles Liebe
Patrick

PHILIPS
LIEBLINGS-LECKERLIS

DAS EINSTEIGERREZEPT

ZUTATEN

200 g Geschmackszugabe (z. B. Fleisch, Fisch, Käse, Obst, Gemüse oder ein kleines Glas Babynahrung)
100 g Dinkelmehl
3 Eier
100 g Kartoffelmehl
1 EL Kokosöl
ca. 30 ml Wasser

1. Den Backofen auf 150 °C Umluft vorheizen.
2. Je nach gewählter Geschmackszutat das Nahrungsmittel schälen und klein schneiden.
3. Alle Zutaten (bis auf das Wasser) in einen Hochleistungsmixer geben und zerkleinern. Dann so viel Wasser zufügen, bis ein zähflüssiger Teig entsteht.
4. Teig auf Silikonbackmatten streichen und im Ofen 35–60 Minuten backen. Die Backzeit variiert hier je nach verwendeten Zutaten und deren Feuchtigkeitsgehalt.

SUPERFOOD-KEKSE

ZUTATEN

200 g gemischtes Gemüse
50 g Vollkornmehl
3 Eier
100 g Kartoffelmehl
1 TL Flohsamen
10 g Mariendistelsamen
50 g Seealgenmehl
20 g getrocknete Kamillenblüten
3 TL Hanföl
ca. 30 ml Wasser

1. Gemüse putzen, waschen, zerkleinern und in einem Topf mit kochendem Wasser kurz blanchieren, dann in ein Sieb abgießen.
2. Backofen auf 150 °C Umluft vorheizen.
3. Alle Zutaten (bis auf das Wasser) in einen Hochleistungsmixer geben und zerkleinern. Dann so viel Wasser zufügen, bis ein zähflüssiger Teig entsteht.
4. Teig auf die Silikonbackmatten streichen und ca. 60 Minuten im Ofen backen.

INFO:

Das Hanföl unterstützt den Hautstoffwechsel und bringt Hundefell zum Glänzen. Flohsamen regulieren die Darmtätigkeit, und das Seealgenmehl ist reich an Spurenelementen, Mineralien und Jod. Man sagt dem Seealgenmehl nach, dass es besonders gut zur Maulhygiene verwendet werden kann, da es der Entwicklung von Plaque entgegenwirkt. Kamille besitzt eine entzündungshemmende Eigenschaft, und Mariendistelsamen unterstützen die Leber und helfen so bei der Entgiftung.

KÄSEGLÜCK

ZUTATEN

200 g Hüttenkäse
100 g Parmesan
180 g Kartoffelmehl
3 Eier
1 TL gemahlene Kurkuma

1. Backofen auf 150 °C Umluft vorheizen.
2. Alle Zutaten in einen Hochleistungsmixer geben und zerkleinern.
3. Teig auf Silikonbackmatten streichen und im Ofen 35 Minuten backen.

TIPP:

Beim Kauf von gemahlener Kurkuma darauf achten, dass keine künstlichen Aromen, Farbstoffe, Konservierungsstoffe, Geschmacks-verstärker oder andere unerwünschte Zusätze enthalten sind.
Kurkuma hat eine tolle Wirkung auf Hunde. Sie regt den Gallenfluss an, fördert die Verdauung und kann auch Entzündungen im Darm und in Gelenken lindern.
Die meisten Hunde lieben diese Leckerei, daher mache ich diese direkt in großen Mengen. Und da es in den Vorratsgläsern ruhig etwas bunt zugehen darf, habe ich sie mir Rote Beete und Spinatpulver eingefärbt.

SPINATKNOCHEN

ZUTATEN

2 TL Spinatpulver
100 g Kartoffelmehl
2 Eier
100 g Hüttenkäse

1. Backofen auf 180 °C Ober-/Unterhitze vorheizen.
2. Alle Zutaten in einen Hochleistungsmixer geben und fein pürieren.
3. Teig auf die Silikonbackmatte (mit Mulden in Knochenform) streichen und 30–40 Minuten im Ofen backen.

TIPP:

Durch die Eier und den Hüttenkäse werden die Kekse etwas softer, sie sollten innerhalb weniger Tage verzehrt werden.
Hüttenkäse ist kalorien- und fettarm und daher auch für übergewichtige Hunde geeignet.

2-ZUTATEN-KEKSE

ZUTATEN

180 g Parmesan
4 Eier

1. Backofen auf 160 °C Umluft vorheizen.
2. Parmesan grob hacken und mit den Eiern in einem Hochleistungsmixer pürieren. Teig auf die Silikonbackmatten streichen und 35 Minuten im Ofen backen.

INFO:

Gegen Hartkäse für Hunde ist generell nichts einzuwenden, da er wenig Laktose enthält und somit für viele Hunde gut verträglich ist. Parmesan ist eine gute Protein- und Fettquelle und reich an Vitaminen und Mineralstoffen wie Kalzium, Vitamin A, Vitamin B6 und B12, Phosphor, Zink und Kupfer.

GEMÜSEKEKSE

ZUTATEN

100 g Karotte
100 g Kartoffel
½ Bund Petersilie
60 g Naturjoghurt
4 Eier
2 EL Olivenöl
125 g Kartoffelmehl
125 g Buchweizenmehl

1. Backofen auf 160 °C Ober-/Unterhitze vorheizen.
2. Karotte und Kartoffel putzen, schälen und würfeln. In einem Topf mit kochendem Wasser gar kochen, dann durch ein Sieb abgießen und etwas abkühlen lassen. Petersilie waschen und trocken schütteln.
3. Alle Zutaten in einen Hochleistungsmixer geben und pürieren.
4. Teig auf die Silikonbackmatten streichen und ca. 30 Minuten im Ofen backen.

BAUCHWOHL

ZUTATEN

200 g Karotten oder Banane
100 g Buchweizenmehl
3 Eier
100 g Kartoffelmehl
1 EL Kokosöl
je ½ TL getrocknete Kamillenblüten, Melisse, Pfefferminze
je ¼ TL Schwarzkümmel, getrocknete Schafgarben- und Rosenblüte
Wasser nach Bedarf

1. Backofen auf 150 °C Umluft vorheizen.
2. Karotten waschen, putzen und raspeln (oder Banane schälen und in Scheiben schneiden).
3. Alle Zutaten in einen Hochleistungsmixer geben und zerkleinern. Dann so viel Wasser zufügen, bis ein zähflüssiger Teig entsteht.
4. Teig auf die Silikonbackmatten streichen und ca. 45 Minuten im Ofen backen.

SØSTRENE GRENE

THUNFISCH-SCHWARZKÜMMEL-KEKSE

ZUTATEN

2 Dosen Thunfisch im eignen Saft (Abtropfgewicht jeweils ca. 100 g)
3 Eier
10 ml Schwarzkümmelöl
150 g Weizenmehl

1. Backofen auf 180 °C Ober-/Unterhitze vorheizen.
2. Thunfisch gut abtropfen lassen, dann in einem Hochleistungsmixer fein pürieren. Die restlichen Zutaten zugeben und vermischen.
3. Den Teig auf Silikonbackmatten streichen und ca. 45 Minuten im Ofen backen.

INFO:

Ich bin ein großer Fan von Schwarzkümmelöl, denn es ist nicht nur reich an ungesättigten Fettsäuren und Vitamin E, sondern kann auch für die Fellpflege innerlich und äußerlich angewendet werden. Gib einfach 1 Tropfen Schwarzkümmelöl auf die Bürste, wenn du deinen Hund bürstest. Innerlich angewendet sorgt es nicht nur für ein starkes Fell, es soll auch entzündungshemmend und schmerzlindernd wirken.

Achte auf die Dosierung.

Schwarzkümmelöl sollte aber auch nicht überdosiert werden. Die tägliche Menge sollte 0,3 ml pro kg Körpergewicht und maximal 12 ml nicht überschreiten. Während der Trächtigkeit sollte Schwarzkümmelöl nicht verwendet werden.

GELENK-LECKERLIS

ZUTATEN

50 g gemahlene Teufels-
krallenwurzel
25 g Grünlippenmuschel-
pulver
200 g Hüttenkäse
100 g Parmesan
100 g Kartoffelmehl
3 Eier

1. Backofen auf 150 °C Umluft vorheizen.
2. Alle Zutaten in einen Hochleistungsmixer geben und pürieren.
3. Teig auf die Silikonbackmatten streichen und ca. 60 Minuten im Ofen backen.

INFO:

Teufelskrallenwurzel wirkt sich bei Hunden positiv auf die Knorpel und die Beweglichkeit der Gelenke aus. Grünlippenmuschelpulver ist reich an Mineralstoffen, Spurenelementen und Omega-3-Fettsäuren und dient der optimalen Nährstoffversorgung in den Gelenken. Aber auch hier gilt: Viel hilft nicht viel.

Eine Dosierung von 1 g Teufelskralle pro 10 kg Körpergewicht und Tag sollte nicht überschritten werden.

Beim Grünlippenmuschelpulver gilt: nicht mehr als ½ g Teufelskralle pro Tag bei Hunden bis zu 10 kg Körpergewicht. Schwerere Hunde sollten nicht mehr als 1 g pro Tag erhalten.

BERRY-MIX

ZUTATEN

100 g gemischte Beeren
50 g Banane
2 Eier
1 TL Kokosöl
1 EL Flohsamenschalen
40 g Tapiokastärke

1. Backofen auf 160 °C Ober-/Unterhitze vorheizen.
2. Beeren waschen und bei Bedarf entstielen. Banane schälen.
3. Alle Zutaten in einen Hochleistungsmixer geben und pürieren.
4. Teig auf die Silikonbackmatten streichen und ca. 60 Minuten im Ofen backen.

KÜRBIS-LECKERLIS

ZUTATEN

200 g Hokkaido-Kürbis
100 g Dinkelmehl
2 Eier
1 TL gemahlene Kurkuma

1. Kürbis waschen, entkernen und in kleine Würfel schneiden. Dann in einem Topf mit kochendem Wasser in 10 Minuten gar kochen. Durch ein Sieb abgießen, in einem Hochleistungsmixer pürieren und auskühlen lassen.
2. Backofen auf 180 °C Umluft vorheizen.
3. Mehl, Eier und Kurkuma zum Kürbispüree geben und nochmals pürieren. Teig auf die Silikonbackmatten streichen und 30 Minuten im Ofen backen.

Wichtig:

Bitte keine Zierkürbisse verwenden! Am besten sind Speisekürbisse wie Hokkaido, Butternut, Bischofsmütze, Muskat- oder Spaghettikürbis geeignet. Die im Handel erhältlichen Kürbisse kannst du bedenkenlos wählen, weil sie keine (gefährlichen) Bitterstoffe enthalten, da diese weggezüchtet wurden.
Kürbisse beinhalten Vitamine wie Vitamin A, C und E sowie die Mineralstoffe Magnesium, Kalium, Eisen und Zink.

HOT DOGS

ZUTATEN

300 g Naturjoghurt
2 Eier
150 g Tapiokastärke
150 g Kartoffelmehl
100 g Hundewürstchen
50 g Cheddar

1. Backofen auf 180 °C Ober-/Unterhitze vorheizen.
2. Alle Zutaten in einem Hochleistungsmixer pürieren.
3. Masse auf die Silikonbackmatten streichen und 25–30 Minuten im Ofen backen, dann 6 Stunden bei 60 °C dehydrieren.

HARTE KAUSTANGEN

ZUTATEN

3 Bananen
300 g Polentagrieß
3 EL Olivenöl
200 g Roggenmehl
je ½ TL getrocknetes Basilikum und Oregano
½ TL gemahlener Kreuzkümmel

1. Backofen auf 160 °C Umluft vorheizen.
2. Bananen schälen, in eine Schüssel geben und mit einer Gabel zerquetschen. Mit dem Polentagrieß vermengen und kurz ruhen lassen.
3. Olivenöl und Mehl mit dem Handmixer unterrühren. Basilikum, Oregano und Kreuzkümmel in den Teig einarbeiten.
4. Teig auf die Silikonbackmatten streichen und 45 Minuten im Ofen backen. Dann im ausgeschalteten Ofen trocknen lassen.

selbstgemacht

THEOBALDS
10 LIEBLINGE

DIE LECKEREN 3

JOGHURTKNOCHEN

ZUTATEN

3 Eier
150 g Naturjoghurt
150 g Weizenmehl

1. Backofen auf 150 °C Umluft vorheizen.
2. Alle Zutaten in einen Hochleistungsmixer geben und pürieren.
3. Teig auf die Silikonbackmatten (mit Mulden in Knochenform) streichen und ca. 45 Minuten im Ofen backen.

ERBSEN-KURKUMA-KNOCHEN

ZUTATEN

3 Eier
25 g TK-Erbsen, aufgetaut
1 TL gemahlene Kurkuma
150 g Naturjoghurt
150 g Kichererbsenmehl

1. Backofen auf 150 °C Umluft vorheizen.
2. Alle Zutaten in einen Hochleistungsmixer geben und pürieren.
3. Teig auf die Silikonbackmatten (mit Mulden in Knochenform) streichen und ca. 45 Minuten im Ofen backen

LEBERKNOCHEN

ZUTATEN

3 Eier
50 g frische Leber
150 g Haferflocken
100 g Naturjoghurt

1. Backofen auf 150 °C Umluft vorheizen.
2. Alle Zutaten in einen Hochleistungsmixer geben und pürieren.
3. Teig auf die Silikonbackmatten (mit Mulden in Knochenform) streichen und ca. 45 Minuten im Ofen backen

BLAUBEERKEKSE

ZUTATEN

50 g Blaubeeren
100 g Kartoffelstärke
50 g Frischkäse
2 Eier
10–20 ml Wasser

1. Backofen auf 150 °C Ober-/Unterhitze vorheizen.
2. Blaubeeren waschen und verlesen. Mit den anderen Zutaten (bis auf das Wasser) in einem Hochleistungsmixer pürieren. Dann so viel Wasser zufügen, bis die gewünschte Konsistenz erreicht ist.
3. Teig auf die Silikonbackmatten streichen und 20–30 Minuten im Ofen backen.

INFO:

Blaubeeren liefern jede Menge Vitamine und andere wichtige Nährstoffe wie Antioxidantien, die das Immunsystem stärken. Einige Tierärzte empfehlen, bis zu 10 Beeren gelegentlich zu füttern. Beim Kauf unbedingt auf regionale Bio-Qualität achten, denn gespritzte Lebensmittel können auch deinem Hund schaden.

VALENTINS-HERZEN

ZUTATEN

125 ml Wasser
3 EL gemahlene Gelatine
125 g Naturjoghurt

1. Wasser in eine Pfanne geben, mit dem Gelatinepulver bestreuen und 5 Minuten ruhen lassen.
2. Dann bei schwacher Hitze erwärmen und die Gelatine unter Rühren auflösen. Pfanne vom Herd nehmen und Mischung auf Zimmertemperatur bringen. Als Nächstes den Joghurt unterrühren.
3. Masse in die Silikonbackmatten (mit Mulden in Herzform) füllen und fest werden lassen.

TIPP:

Die Silikonformen vor dem Befüllen mit etwas Speisestärke bestäuben. So lassen sich die Herzen noch besser aus der Form lösen. Etwas Himbeer- oder Rote-Bete-Pulver färbt die Herzen schön rot. Immer reinen Naturjoghurt verwenden. Auf künstliche Zusätze sollte man bei Hunden ganz verzichten. Auch können Zuckeraustauschstoffe für sie gefährlich sein.

LECKEREIEN MIT SCHINKEN UND PARMESAN

ZUTATEN

2 Eier
150 g Schinkenwurst oder gekochter Schinken
50 g geriebener Parmesan
100 g Kartoffelmehl
125 ml Hühnerbrühe

1. Eier, Schinkenwurst, Parmesan und Mehl in einem Hochleistungsmixer pürieren. Hühnerbrühe nach und nach untermischen, bis die gewünschte Konsistenz (siehe Tipps S. 92) erreicht ist. Teig 10 Minuten ruhen lassen.
2. Backofen auf 200 °C Ober-/Unterhitze vorheizen.
3. Teig auf die Silikonbackmatten streichen und 30–40 Minuten im Ofen backen.

TIPP:

Beim Kauf des Schinkens und der Hühnerbrühe bitte darauf achten, dass der Salz- und Zuckergehalt nicht zu hoch ist.

GUMMIBÄREN OHNE BACKEN

ZUTATEN

200 g gekochte Hähnchenbrust
100 ml Hühnerbrühe (ohne Zucker)
12 Blätter Gelatine
100 ml Kokosmilch
1 TL frisch gehackte Petersilie

1. Hähnchenbrust und Hühnerbrühe in einem Hochleistungsmixer pürieren.

2. Gelatine in einer Schüssel mit kaltem Wasser 5 Minuten einweichen, dann gut auspressen und mit 5 TL Kokosmilch in einen Topf geben. Auf kleiner Hitze erwärmen, bis sich die Gelatine vollständig aufgelöst hat. Die restliche Kokosmilch in eine Schüssel geben und die Gelatine unterrühren. Das Hähnchenpüree zugeben und vermischen. Dann die Petersilie unterheben.

3. Flüssigkeit in die Mulden der Silikonbackmatten füllen und im Kühlschrank über Nacht fest werden lassen.

JOGHURT-GUMMIS

ZUTATEN

15 Blätter Gelatine
150 g Naturjoghurt
150 ml Wasser
5 TL Kokosraspel

1. Gelatine in einer Schüssel mit kaltem Wasser 5 Minuten einweichen.
2. Joghurt und Wasser in einem Topf verrühren und leicht erwärmen. Gelatine ausdrücken und mit der Joghurtmasse verrühren, bis sie sich vollständig aufgelöst hat. Dann Kokosraspel unterheben.
3. Masse in die Silikonbackformen füllen und über Nacht im Kühlschrank fest werden lassen.

TIPP:

Die Gummibärchen halten sich 3 Tage im Kühlschrank.

ROTE-BETE-KEKSE

ZUTATEN

100 g Kartoffelstärke
50 g Frischkäse
2 Eier
20 g vorgekochte Rote Bete
10–20 ml Wasser

1. Backofen auf 150 °C Ober-/Unterhitze vorheizen.
2. Alle Zutaten (bis auf das Wasser) in einem Hochleistungsmixer pürieren. Dann so viel Wasser zufügen, bis die gewünschte Konsistenz erreicht ist.
3. Teig auf die Silikonbackformen streichen und 20–30 Minuten im Ofen backen.

INFO:

Rote Bete ist aufgrund des hohen Gehalts an Vitamin A, B und C so beliebt.
Außerdem enthält sie eine Menge Eisen, Kalium und weitere Nährstoffe. Da sie viel Oxalsäure aufweist, sollten Hunde, die anfällig für Nieren- und Blasensteine sind, besser darauf verzichten.

TÜNNES LIEBLINGS-KEKSE

KÜRBIS-BLAUBEER-DONUTS

ZUTATEN

70 g Blaubeeren
350 g Kürbispüree
2 Eier
225 g Reismehl

1. Backofen auf 150 °C Umluft vorheizen.
2. Blaubeeren waschen und verlesen.
3. Alle Zutaten in einen Hochleistungsmixer geben und pürieren.
4. Teig auf die Silikonbackmatten streichen und ca. 30 Minuten im Ofen backen.

INFO:

Angeblich wirkt Kürbis gegen Verstopfung, unterstützt das Immunsystem und hilft Rüden bei Prostataerkrankungen.

SÜSSKARTOFFEL-LECKERLIS

ZUTATEN

100 g Süßkartoffel
100 g Kürbis
200 ml Haferdrink
60 g Haferflocken
2 Eier
1 EL Kokosöl

1. Süßkartoffel schälen, Kürbis schälen oder waschen, entkernen und beides in Würfel schneiden. In einem Topf mit kochendem Wasser bissfest garen. Dann durch ein Sieb abgießen.

2. Alle Zutaten in einen Hochleistungsmixer geben und pürieren. Teig in eine Schüssel umfüllen und 30 Minuten im Kühlschrank ruhen lassen.

3. Backofen auf 150 °C Ober-/Unterhitze vorheizen.

4. Teig auf die Silikonbackmatten streichen und 20 Minuten im Ofen backen. Dann im geöffneten und ausgeschalteten Backofen mindestens 2 Stunden trocknen lassen.

Heartful
Since

BUCHWEIZENKEKSE

ZUTATEN

250 g Buchweizenmehl
600 ml Haferdrink
2 EL Olivenöl

1. Alle Zutaten in einer Schüssel verrühren und 30 Minuten im Kühlschrank quellen lassen.
2. Backofen auf 140 °C Ober-/Unterhitze vorheizen.
3. Teig auf die Silikonbackmatten streichen und 25 Minuten im Ofen backen. Dann im geöffneten und ausgeschalteten Backofen mindestens 2 Stunden trocknen lassen.

PAWSICLES

ZUTATEN

50 g Himbeeren
10 Blaubeeren
200 ml Ziegenmilch
1 EL Kokosöl

1. Beeren waschen und verlesen.
2. Alle Zutaten in einen Hochleistungsmixer geben und pürieren. Masse auf die Silikonbackmatten streichen und mindestens 4 Stunden einfrieren.

TIPP:

Die kleinen gefrorenen Snacks sind eine gesunde Abkühlung im Sommer.
Wenn ich für Hunde Milch verwende, nehme ich gerne Ziegenmilch, da diese aufgrund ihrer Zusammensetzung besser verträglich ist als Kuhmilch.

BIRNEN-LECKERLIS

ZUTATEN

6 Birnen
120 g Speisestärke
2 Eier

1. Backofen auf 160 °C Ober-/Unterhitze vorheizen.
2. Birnen waschen, Stiel und Kerngehäuse entfernen und Fruchtfleisch in Stücke schneiden.
3. Alle Zutaten in einen Hochleistungsmixer geben und pürieren.
4. Teig auf die Silikonbackmatten streichen und ca. 50 Minuten im Ofen backen.

TIPP:

Wer seinem Hund mehrmals die Woche ein wenig Birne füttert, der unterstützt damit seine Gesundheit, denn Birne mildert aufgrund der enthaltenen Gerbstoffe Entzündungen und schützt vor Übersäuerung.

FISCHLIS

ZUTATEN

1 Dose Thunfisch im eigenen Saft (Abtropfgewicht ca. 195 g)
1 Dose Sardinen (Abtropfgewicht ca. 120 g)
150 g Lachsfilet
50 g Parmesan
125 g Tapiokamehl
125 g Reismehl
2 Eier
200 g Naturjoghurt

1. Backofen auf 180 °C Ober-/Unterhitze vorheizen.
2. Thunfisch und Sardinen abtropfen lassen.
3. Alle Zutaten in einen Hochleistungsmixer geben und pürieren.
4. Teig auf die Silikonbackmatten streichen und ca. 30 Minuten im Ofen backen.

RINDERBLUT-LECKERLIS

ZUTATEN

250 g Kartoffelmehl
4 Eier
300 g Hüttenkekse
200 ml Rinderblut
1 TL Speiseöl

1. Backofen auf 180 °C Umluft vorheizen.
2. Alle Zutaten in einen Hochleistungsmixer geben und pürieren.
3. Teig auf die Silikonbackmatten streichen und ca. 30 Minuten im Ofen backen.

HÄHNCHEN-PASTINAKEN-LECKERLIS

ZUTATEN

100 g Pastinake
100 g Hähnchenbrust
2 Eier
2 EL Naturjoghurt
100 g Reismehl

1. Backofen auf 150 °C Umluft vorheizen.
2. Pastinake putzen, schälen und klein schneiden.
3. Alle Zutaten in einen Hochleistungsmixer geben und pürieren.
4. Teig auf die Silikonbackmatten streichen und ca. 25 Minuten im Ofen backen.

VOLLKORNKEKSE

ZUTATEN

100 g Weizenvollkornmehl
150 g Vollkornhaferflocken
1 EL Honig
1 TL Rinderbrühepulver
1 Ei
120 ml laktosefreie Milch

1. Backofen auf 180 °C Umluft vorheizen.
2. Alle Zutaten in einen Hochleistungsmixer geben und pürieren, ggf. etwas Wasser zufügen, damit ein geschmeidiger Teig entsteht.
3. Teig auf die Silikonbackmatten streichen und 15–20 Minuten im Ofen backen.

DER HUNDEKEKS

ZUTATEN

300 g Vollkornreismehl
80 g Schweineschmalz
100–150 ml Wasser

1. Backofen auf 160 °C Umluft vorheizen.
2. Alle Zutaten in einen Hochleistungsmixer geben und pürieren. Dabei so viel Wasser zufügen, dass ein geschmeidiger Teig entsteht.
3. Teig auf die Silikonbackmatten streichen und 20 Minuten im Ofen backen.

TIPP:

Schweineschmalz kann durch Gänseschmalz oder Rindertalg ersetzt werden.

THUNFISCHBÄLLCHEN

ZUTATEN

3 Dosen Thunfisch im eigenen Saft (Abtropfgewicht jeweils ca. 140 g)
600 g Kichererbsenmehl
2 Eier

1. Backofen auf 180 °C Umluft vorheizen.
2. Thunfisch abtropfen lassen.
3. Alle Zutaten in einen Hochleistungsmixer geben und pürieren.
4. Teig auf die Silikonbackmatten streichen und 20 Minuten im Ofen backen.

TIPP:

Für die Bällchen nehme ich gern die Halbkugel-Backmatte.

ZAHNPUTZ-CRACKER

ZUTATEN

300 g Vollkornmehl
1 EL Kokosöl
1 Ei
1 Glas Babynahrung nach Wahl (ca. 190 g)
1 EL frisch gehackte Petersilie
120 g Haferflocken

1. Backofen auf 150 °C Umluft vorheizen.
2. Mehl, Öl, Ei, Babynahrung und Petersilie in einen Hochleistungsmixer geben und pürieren. Haferflocken zugeben und kurz mitpürieren.
3. Teig auf die Silikonbackmatten streichen und ca. 40 Minuten im Ofen backen.

TIPP:

Die Cracker eignen sich aufgrund ihrer Härte besonders gut zur Zahnreinigung. Petersilie zählt durch den hohen Vitamin-C-Gehalt zu den für Hunde wertvollen Kräutern. Kleine Hunde sollten täglich 1 Prise und große Hunde nicht mehr als 1 TL Petersilie in das Futter gerührt bekommen.

LEBERWURST-LECKIS

FÜR SELBST GEMACHTE LEBERWURST

ZUTATEN FÜR 1 KG

200 g Karotten
400 g Hühnerleber
400 g Hühnerfleisch

1. Karotten waschen und putzen. Alle Zutaten klein schneiden und in einem Topf mit kochendem Wasser 45 Minuten garen. Dann in ein Sieb abgießen.
2. Zutaten in einen Hochleistungsmixer geben und pürieren, ggf. noch etwas Wasser zufügen, um die richtige Konsistenz zu erreichen.

FÜR DIE LECKIS

ZUTATEN

100 g Dinkelmehl
3 Eier
100 g Kartoffelmehl
1 EL Kokosöl
200 g Leberwurst
ca. 30 ml Wasser

1. Backofen auf 150 °C Umluft vorheizen.
2. Alle Zutaten (bis auf das Wasser) in einen Hochleistungsmixer geben und pürieren. Dann so viel Wasser zufügen, bis ein zähflüssiger Teig entsteht.
3. Teig auf die Silikonbackmatten streichen und 50 Minuten im Ofen backen.

LACHS-SPINAT-KEKSE

ZUTATEN

250 g frischer Blattspinat
150 g Lachsfilet
4 Eier
1 ½ EL Pflanzenöl
250 g Kartoffelstärke

1. Backofen auf 160 °C Umluft vorheizen.
2. Blattspinat waschen und verlesen. Mit dem Lachs in einen Hochleistungsmixer geben und pürieren. Die restlichen Zutaten nach und nach zugeben und einarbeiten.
3. Teig auf die Silikonbackmatten streichen und 30 Minuten im Ofen backen

ROCKYS FAVORITEN

KOKOS-CABANA

ZUTATEN

130 g Kokosmilch
110 ml Kokoswasser
1 Ei
2 EL Kokosöl
35 g Kokosmehl
135 g Kartoffelmehl

1. Backofen auf 180 °C Umluft vorheizen.
2. Alle Zutaten in einen Hochleistungsmixer geben und pürieren.
3. Teig auf die Silikonbackmatten streichen und 15–25 Minuten im Ofen backen.

SCHONKOSTKEKSE

ZUTATEN

150 g Hähnchenbrust
25 g Reis
1 EL Öl
6 EL Morosche-Karottensuppe
1 Ei
2 EL Hüttenkäse
75 g Reismehl
60 g Kartoffelmehl
½ TL gemahlener Fenchel
½ TL gemahlener Kümmel

1. Hähnchenbrust klein schneiden und mit dem Reis in einem Topf mit kochendem Wasser gar kochen. Dann in ein Sieb abgießen.
2. Backofen auf 160 °C Umluft vorheizen.
3. Alle Zutaten in einen Hochleistungsmixer geben und pürieren.
4. Teig auf die Silikonbackmatten streichen und 25–40 Minuten im Ofen backen (je nach Größe der Backmatte).

TIPP:

Die Morosche-Karottensuppe besteht ausschließlich aus Karotten, Wasser und Salz. Einfach 500 g geschälte Karotten und 1 l Wasser in einen Topf geben, zum Kochen bringen und mindestens 90 Minuten köcheln lassen. Dann Karotten in ein Sieb abgießen, wieder in den Topf füllen, mit dem Stabmixer pürieren und so viel kochendes Wasser zufügen, dass 1 l Suppe entsteht. 3 g Salz unterrühren. Mittlerweile kann man die Morosche-Karottensuppe auch schon fertig kaufen.

ZAHNPUTZ-BONBONS

ZUTATEN

8 EL Kokosöl
4 EL Bierhefe
4 EL Zahnputzflocken

1. Alle Zutaten in einen Hochleistungsmixer geben und pürieren.
2. Teig auf eine Silikonbackmatte streichen und im Kühlschrank fest werden lassen.

TIPP:

Bonbons im Kühlschrank aufbewahren.

HACKFLEISCHKEKSE

ZUTATEN

200 g Rinderhackfleisch
60 g Knochenmark (ca. 3 Knochenscheiben)
2 Eier
130 g Kartoffelmehl

1. Hackfleisch in einem Topf mit kochendem Wasser gar kochen. Dann in ein Sieb abgießen.
2. Knochenmark auskratzen und zusammen mit dem Hackfleisch in einem Hochleistungsmixer pürieren. Masse auskühlen lassen.
3. Backofen auf 160 °C Umluft vorheizen.
4. Eier und Mehl in den Mixer geben und nochmals pürieren.
5. Masse auf die Silikonbackmatten streichen und 40 Minuten im Ofen backen.

INFO:

Knochenmark besteht zu einem großen Teil aus Omega-3-Fettsäuren. Viele Hundebesitzer geben ihren Hunden deshalb frische Markknochen zum Ausschlecken. Aber VORSICHT: Oft verkeilen sich die Knochen im Maul und müssen im schlimmsten Fall vom Tierarzt entfernt werden.

Leckerchen
für dich

DURCHFALL-TABS

ZUTATEN

100 g Blaubeeren
500 ml Buttermilch
200 g Hüttenkäse
2 Eier
400 g Kartoffelmehl
2 EL Kokosöl
2 EL Schwarzkümmelöl
25 g getrocknete Brombeerblätter
25 g getrocknete Kamillenblüten
25 g Fenchelsamen

1. Backofen auf 170 °C Umluft vorheizen.
2. Blaubeeren waschen und verlesen.
3. Alle Zutaten in einen Hochleistungsmixer geben und pürieren.
4. Teig auf die Silikonbackmatten streichen und 30–35 Minuten im Ofen backen.

APFEL-COOKIES

ZUTATEN

2 Äpfel
300 g Kartoffelmehl
150 g Haferflocken
2 EL Sonnenblumenöl
ca. 60 ml Wasser

1. Backofen auf 180 °C Umluft vorheizen.
2. Äpfel schälen, das Kerngehäuse entfernen und Fruchtfleisch fein raspeln. In eine Schüssel geben und mit den restlichen Zutaten zu einem flüssigen Teig verrühren.
3. Teig auf die Silikonbackmatten streichen und 30–35 Minuten im Ofen backen.

MEHLFREIE KEKSE

ZUTATEN

6 Eier
200 g geriebener Parmesan
600 g Nassfutter nach Wahl

1. Backofen auf 160 °C Umluft vorheizen.
2. Alle Zutaten in einen Hochleistungsmixer geben und pürieren.
3. Teig auf die Silikonbackmatten streichen und 20–25 Minuten im Ofen backen.

PHILIP
THEOBALD

BANANEN-ERDNUSS-KEKSE

ZUTATEN

300 g Banane
200 g Erdnussbutter
600 g Vollkornmehl
150 g Haferflocken
4 EL Olivenöl
Wasser nach Bedarf

1. Backofen auf 200 °C Umluft vorheizen.
2. Banane schälen.
3. Alle Zutaten in einen Hochleistungsmixer geben und pürieren. Bei Bedarf noch etwas Wasser unterrühren.
4. Teig auf die Silikonbackmatten streichen und 20–30 Minuten im Ofen backen.

PARANUSS-LECKERLIS

ZUTATEN

1 Banane
30 g Kokosmehl
2 Eier
2 Paranüsse
Wasser nach Bedarf

1. Backofen auf 180 °C Umluft vorheizen.
2. Banane schälen und mit den restlichen Zutaten in einen Hochleistungsmixer geben und pürieren. Bei Bedarf Wasser zufügen, sodass ein flüssiger Teig entsteht.
3. Teig auf die Silikonbackmatten streichen und 20–30 Minuten im Ofen backen.

INFO:

Paranüsse sind sehr fetthaltig, aber reich an Protein, Vitamin B1 und Selen und unterstützen ein stabiles Immunsystem. In kleinen Mengen vertragen Hunde Paranüsse und andere Nüsse wie Haselnüsse, Cashewnüsse oder Walnüsse sehr gut. Allerdings sind Nüsse häufig Auslöser für Allergien.

DORSCH-LECKERLIS

ZUTATEN

4 EL Flohsamenschalen
10 EL Wasser
200 g Dorschfilet
100 g Lachsfilet
2 TL Kokosmehl

1. Backofen auf 160 °C Umluft vorheizen.
2. Flohsamenschalen in einer Schüssel mit dem Wasser verrühren und 5 Minuten quellen lassen.
3. Dann alle Zutaten in einen Hochleistungsmixer geben und pürieren.
4. Teig auf die Silikonbackmatten streichen und ca. 30 Minuten im Ofen backen.

QUARKKEKSE

ZUTATEN

150 g Magerquark
6 EL Milch
6 EL Sonnenblumenöl
1 Eigelb
200 g Vollkornmehl
150 g Rinderhackfleisch
Wasser nach Bedarf

1. Backofen auf 200 °C Umluft vorheizen.
2. Alle Zutaten in einen Hochleistungsmixer geben und pürieren, ggf. etwas Wasser unterrühren.
3. Teig auf die Silikonbackmatten streichen und ca. 30 Minuten im Ofen backen.

BUTTERMILCH-BLAUBEER-LECKERLIS

ZUTATEN

100 g Blaubeeren
500 ml Buttermilch
200 g Hüttenkäse
2 Eier
400 g Kartoffelmehl
2 EL Kokosöl
2 EL Schwarzkümmelöl

1. Backofen auf 170 °C Umluft vorheizen.
2. Blaubeeren waschen und verlesen.
3. Alle Zutaten in einen Hochleistungsmixer geben und pürieren.
4. Teig auf Silikonbackmatten streichen und 30–35 Minuten im Ofen backen.

MANDARINEN-COOKIES

ZUTATEN

1 Mandarine
40 g Maismehl
25 g Kokosmehl
30 g Haferflocken
1 Ei

1. Backofen auf 180 °C Umluft vorheizen.
2. Mandarine schälen.
3. Alle Zutaten in einen Hochleistungsmixer geben und pürieren, ggf. etwas Wasser zugeben.
4. Masse auf die Silikonbackmatten streichen und 20–30 Minuten im Ofen backen.

TIPP:

Mandarinen haben viele gesunde Inhaltsstoffe. Durch ihren hohen Fruchtsäureanteil sollten sie aber nur in kleinen Mengen verfüttert werden.

Cookies

KAROTTE-KÄSE-CRACKER

ZUTATEN

2 Karotten
40 g Emmentaler
40 g Amarantmehl
2 Eier

1. Backofen auf 180 °C Umluft vorheizen.
2. Karotten putzen, waschen und in Stücke schneiden. Emmentaler würfeln.
3. Alle Zutaten in einen Hochleistungsmixer geben und pürieren.
4. Teig auf die Silikonbackmatten streichen und 30–35 Minuten im Ofen backen.

INFO:

Karotten sind für Hunde unglaublich gut verträglich. Durch ihren hohen Gehalt an Nährstoffen und Vitaminen können sie einen maßgeblichen Anteil für die Gesundheit deines Hundes leisten.

KOKOS-APFEL-COOKIES

ZUTATEN

1 Apfel
30 g Kokosmehl
10 g Kokosflocken
2 TL Kokosöl
2 Eier

1. Backofen auf 180 °C Umluft vorheizen.
2. Apfel waschen, entkernen und in einem Hochleistungsmixer zerkleinern. Die restlichen Zutaten zugeben und alles pürieren.
3. Teig auf die Silikonbackmatten streichen und 20–30 Minuten im Ofen backen.

THUNFISCH-KOKOS-KEKSE

ZUTATEN

1 Dose Thunfisch im eigenen Saft (Abtropfgewicht ca. 195 g)
50 g Kokosraspel
2 EL Kokosöl
40 g gemahlene Mandeln
250 g Kartoffelmehl
200 ml Wasser

1. Backofen auf 140 °C Umluft vorheizen.
2. Thunfisch abtropfen lassen.
3. Alle Zutaten in einen Hochleistungsmixer geben und pürieren.
4. Teig auf die Silikonbackmatten streichen und 30–40 Minuten im Ofen backen. Danach die Temperatur auf 90 °C herunterdrehen und Kekse bei geöffneter Backofentür (einen Holzkochlöffel in die Tür klemmen) 30 Minuten trocknen lassen.

WAS DU GUTES IN DIE KEKSE MISCHEN KANNST

Bitte halte bezüglich der Zutaten auch mit deinem Tierarzt Rücksprache, denn Ernährung ist immer ein sehr individuelles Thema bei Hunden.

Mir macht es Spaß, Kräuter für mich und meine Hunde im Garten anzupflanzen, da sie nicht nur für Menschen positive Effekte haben, sondern auch für die Vierbeiner. Doch ich halte nichts davon, Hunden ständig Kräuter ins Futter zu mischen, sondern setze diese lieber gezielt ein.

LÖWENZAHN

Löwenzahn enthält gute Bitterstoffe, die den gesamten Stoffwechsel stärken und besonders anregend auf die Magenschleimhaut und Bauchspeicheldrüse wirken.

KAMILLE

Kamille weist Flavonoide auf. Meine Hunde bekommen immer eine Extraportion bei Durchfall und Übelkeit. Du kannst die Kamillenblüten direkt mit in den Keksen verarbeiten oder das Wasser durch Kamillentee ersetzen.

WIESENKRÄUTER

Im Frühling erhalten meine Hunde jeden Tag eine grüne Kraftkugel aus Wiesenkräutern. Hierfür 100 g Wiesenkräuter wie Löwenzahn, Giersch, Brennnessel und Gänseblümchen pflücken und mit jeweils 100 g Mandeln, Datteln, Trockenfutter und dem Saft 1 Zitrone pürieren. Masse in die Halbkugelformen drücken und über Nacht bei Zimmertemperatur trocknen lassen.

BRENNNESSEL

Brennnessel regt den Stoffwechsel an und enthält eine Menge Mineralstoffe. Sie kann auch bei Gelenkerkrankungen unterstützend wirken.

GUNDERMANN

Gundermann durchspült die Nieren und hilft bei Husten. Einfach ein paar Blättchen frischen Gundermann in den Keksteig mischen.

FENCHEL

Fenchel wirkt entblähend und entkrampfend.

PFEFFERMINZE

Pfefferminze gilt als schmerzlindernd, krampflösend und regt die Verdauung an.

SAUERAMPFER

Sauerampfer ist voller Vitamine und Mineralstoffe und wirkt kräftigend. Aber nur in geringen Mengen füttern, da Sauerampfer Oxalsäure enthält, welche in großen Mengen nicht bekömmlich ist.

SPITZWEGERICH

Spitzwegerich hilft bei Husten und Atemwegserkrankungen. Am besten ein paar frische Blätter mit den jeweiligen Zutaten pürieren.

WERMUT

Wermut besitzt Bitterstoffe, die vorhandene Parasiten schädigen können. ½ TL Wermutkraut alle 4 Wochen reicht. Einfach beim Zubereiten der Hundekekse untermengen.

Du kannst die Kräuter auch sehr gut trocknen und in dunklen Gläsern aufbewahren. Zerkleinere sie vor dem Trocknen nicht zu stark, sondern mörsere sie am besten erst kurz vor der Verwendung.

MEIN LIEBLINGS-KRÄUTERKEKS-REZEPT

ZUTATEN

100 g frische Kräuter
50 g Thunfisch im eigenen Saft
150 g Roggenmehl
50 g Dinkelmehl
50 g Magermilchpulver
1 Ei
50 ml Speiseöl
50 ml Fleischbrühe (ungesalzen)

1. Backofen auf 180 °C Umluft vorheizen.
2. Kräuter waschen und trocken schütteln. Thunfisch abtropfen lassen.
3. Alle Zutaten in einen Hochleistungsmixer geben und pürieren.
4. Teig auf die Silikonbackmatten streichen und 15–20 Minuten im Ofen backen.

WISSENSWERTES

KONSISTENZ

Der Teig ist perfekt, wenn er die Konsistenz von Pfannkuchen- oder Waffelteig hat. Du kannst beim Pürieren immer so viel Wasser zufügen, bis die richtige Konsistenz erreicht ist.

WIE KOMMT DER TEIG AUF DIE BACKMATTE?

Ich nehme dazu einen Silikon-Teigschaber und streiche den Teig so auf die Backmatten, dass er in den Mulden hängen bleibt. Teigreste auf den Zwischenbereichen ziehe ich mit dem Schaber ab, sodass die Kekse nach dem Backen nicht zusammenkleben.

Eine andere Möglichkeit ist es, denn dünnflüssigen Teig in eine Quetschflasche zu geben und die Mulden der Backmatte einzeln damit zu füllen.

SILIKONBACKMATTEN

Meine Backmatten beziehe ich größtenteils von Collory (www.collorystore.de), da diese ab Werk getempert und zu 100 Prozent frei von Schadstoffen sind. Außerdem sind sie schön fest und haben bei mir im Ofen bereits Hunderte von Backdurchgängen schadlos überstanden.

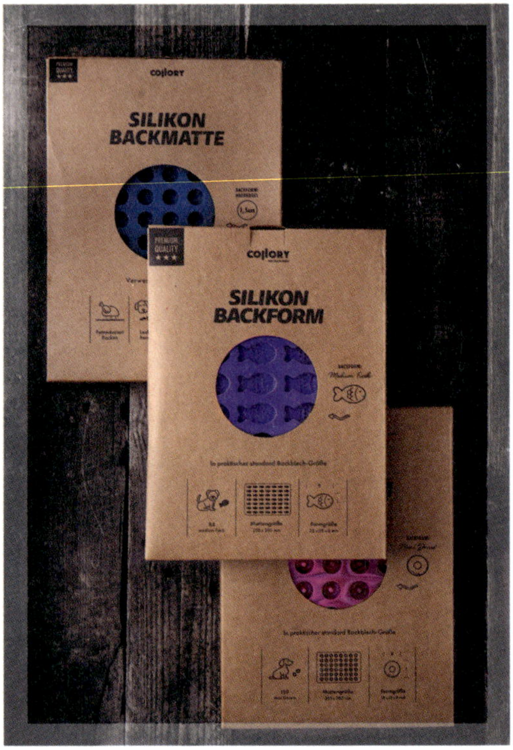

TROCKENZEIT

Am einfachsten ist es, die Kekse in ein Gemüsenetz zu packen und an einem wärmeren Ort aufzuhängen. Ab und zu durchschütteln, sodass kein Schimmel entstehen kann. Nach ein paar Tagen sind sie richtig schön durchgetrocknet.

Nach dem Backen kannst du die Kekse auch aus der Form nehmen und mehrere Stunden im Backofen bei 70 °C Umluft durchtrocknen lassen. Dabei einen Holzkochlöffel in die Ofentür stecken, damit die Feuchtigkeit entweichen kann. Das geht natürlich auch in einem Dörrautomaten.

AUFBEWAHRUNG

Sind die Kekse gut durchgetrocknet, kannst du sie in einem geschlossenen Behälter – am besten mit einem Trockensäckchen (Beutel mit Trockenmittel) – mehrere Tage aufbewahren. Mag dein Hund seine Leckerlis nicht so trocken, kannst du auf die Nachtrocknung verzichten und sie in einem geöffneten Gefäß ein paar Tage lagern. Oder du frierst sie portionsweise ein.

BACKZEIT

Die in den Rezepten angegebene Backzeit ist nur ein Anhaltspunkt, denn sie kann je nach Backofen und Backform variieren. Am besten immer wieder einen Blick in den Backofen werfen und prüfen, ob die Kekse fertig sind.

MEHLSORTEN

Buchweizenmehl, Süßkartoffelmehl (stärkehaltig), Hanfmehl, Maismehl, Speisestärke, Vollkornmehl, Dinkelmehl, Roggenmehl und Weizenmehl lassen sich 1 : 1 gegeneinander austauschen. Möchtest du die oben genannten Mehlsorten durch Reis- oder Kartoffelmehl ersetzen, musst du davon 25 Prozent mehr als im Rezept angegeben verwenden. Bei Kürbiskern-, Kastanien- oder Mandelmehl nimmst du 50 Prozent mehr als erwähnt.

EIER

Ich habe gute Erfahrungen damit gemacht, Eier durch Chiasamen zu ersetzen. Dazu pro Ei 1 TL Chiasamen mit 3 TL kaltem Wasser vermengen und 10 Minuten quellen lassen. Aber auch ½ Banane oder 75 g Apfelmus sind ein guter Ersatz.

REGISTER

Mit Ei

Mit Fisch

Mit Fleisch

Mit Milchprodukten

Vegan

Vegetarisch

ZUTATENREGISTER

DANKE

Jetzt muss ich etwas ausholen. (Keine Angst, so schlimm wird es nicht. Wir sind hier ja nicht bei der Oscar-Verleihung).

Nina, die Erwin (ein Running Gag). Vielen Dank, dass Tünnes in den letzten Monaten so viele Kekse probiert hat und du mir geholfen hast, Kekse zu backen. Dir danke ich natürlich auch, Tünnes, aber dein Frauchen backt einfach besser.

Frau A. oder auch Nadja, die mir als Tierärztin noch ein paar Tipps mit auf den Weg gegeben hat, da gerade die Ernährung bei Hunden ein sehr individuelles Thema ist. Danke auch, dass Philip Frederick und Theobald sich so wohl fühlen, auch wenn es mal piekst.

Sami. Danke, dass du Collory gegründet hast und Wert darauf legst, dass deine Backmatten bedenkenlos verwendet werden können.

Uwe und Sveni. Danke, dass ihr vor einigen Jahren den Grundstein dafür gelegt habt, dass ich mich mit dem Thema »Heilkräuter für Hunde« beschäftigt habe. Philip Fredrick und Theobald bedanken sich natürlich auch, denn ohne euch hätten die beiden nicht das beste Herrchen der Welt. Mich!

Jessica Engwer, ja du! Weil du dieses Buch mit mir gemacht hast und bei dem Thema Backmatte (warum denken die Menschen bei Matten an mich? Backmatte, Yogamatte ...) an mich gedacht hast. Es ist immer wieder erfrischend, mit dir zu arbeiten.

Danke an meine Leser, die nicht nur Hunden ein Zuhause geben, sondern sich auch mit Ernährung auseinandersetzen und nicht wahllos nach Leckerlis greifen, die oft überteuert in unzähligen Varianten auf dem Markt angeboten werden. Das Selbermachen geht ganz einfach, ermöglicht die Kontrolle über die Zutaten und macht dazu noch Spaß.